科学のアルバム

カエルのたんじょう

種村ひろし

あかね書房

もくじ

山《やま》をくだる●3
たまごをうむ●4
ヒキガエルのたまご●7
たまごからおたまじゃくしへ●8
はじまった水《すい》ちゅうせいかつ●10
おたまじゃくしになった●12
おたまじゃくしから子《こ》ガエルへ●14
子《こ》ガエルたんじょう●16
水《みず》からりくへ●19
おやガエルのおでまし●20
水《みず》べにいるカエル●22
山《やま》にも木《き》の上《うえ》にも●24
世界《せかい》のカエル●26
カエルのなきかた●29
カエルのおよぎかた●30

カエルのたべもの●32
えもののとりかた●34
カエルのてき●36
からだの色《いろ》のへんか●38
とうみん●40
カエルむかしむかし●41
カエルの一生《いっしょう》●42
からだのひみつ・足《あし》●44
からだのひみつ・頭《あたま》●46
カエルのたまご●48
かんさつ・たまごからおたまじゃくしへ●50
かんさつ・おたまじゃくしから子《こ》ガエルへ●52
あとがき●54

構成●七尾 純
イラスト●渡辺洋二
林 四郎
装丁●画工舎

科学のアルバム

カエルのたんじょう

種村ひろし（たねむら　ひろし）

一九二四年、茨城《いばらき》県に生まれる。
豊《ゆた》かな自然《しぜん》の中で育ち、子どものころから動物の生活に興味《きょうみ》をもちはじめる。
長年《ながねん》にわたり日本各地の水辺の動物や海辺の動物の生態《せいたい》を調査《ちょうさ》し、
とくに数十年にわたって撮影《さつえい》したカエルの写真は、
生物学的な資料《しりょう》としても高く評価《ひょうか》されている。
おもな著書《ちょしょ》に「日本の蛙《かえる》」「カエルのコーラス」（いずれも誠文堂新光社）、
「モリアオガエルの谷」（学習研究社）、「カエルの世界」（小峰書店）、
「ザリガニ・メダカ」（講談社）などがあり、
科学雑誌《ざっし》、学習雑誌にもすぐれた作品を、多数発表している。

三月《がつ》、山《やま》にあたたかい風《かぜ》がふき、春《はる》の雨《あめ》が地《じ》めんをぬらしはじめると、ヒキガエルがながいねむりからさめて、あなのなかからはいだします。

➡山《やま》みちをくだるヒキガエル（オス）

⬅つがいになったオスとメス（下《した》）

山《やま》をくだる

ヒキガエルは、ひるはおち葉《ば》の下《した》やあさいあなのなかにじっとかくれていますが、くらくなると、まちかまえていたように山《やま》をくだりはじめます。

クークー　クークー

オスのなきごえにひかれて、メスがちかよってくると、オスはメスのせなかにとびのってしまいます。

こうしてヒキガエルは、オスとメスがつがいになったまま、なかまたちがあつまる池《いけ》をめざして、なんキロメートルもあるきつづけます。

たまごをうむ

まよなか、あっちからもこっちからも、なん百《ひゃっ》ぴきものヒキガエルが、ひとつの池《いけ》にあつまってきます。いよいよ産卵《さんらん》がはじまります。

上《うえ》になり下《した》になり、水《みず》しぶきをあげて大《おお》あばれ。

産卵《さんらん》はひとばんじゅうつづきます。

産卵《さんらん》がおわったヒキガエルは、また山《やま》にもどって、つゆのきせつがくるまで、ぐっすりねむります。

⬅オスは、せなかからメスのおなかをしめつけて、産卵《さんらん》をたすけます。

➡うみおとされたばかりのたまご。

➡水《みず》をすってふくらんだたまご。

⬅黒《くろ》いほうを上《うえ》に白《しろ》いほうを下《した》にきれいにならびおわったたまご。

ヒキガエルのたまご

ヒキガエルのたまごは、かんてんのようなひもにつつまれて、おしりからうみだされます。

一ぴきのカエルからうみだされたひもをつなぐと、三十メートルにもなり、なかに、やく八千《せん》このたまごがつつまれています。

まもなく、ひもは水《みず》をすって、小《こ》ゆびぐらいの太《ふと》さにふくらんできます。

このとき、いままでいろいろなむきをむいていたたまごが、黒《くろ》いぶぶんを上《うえ》にしてきれいにならびます。

たまごからおたまじゃくしへ

一つぶのたまごの大《おお》きさは、ちょっけいがやく二ミリメートル。こんなに小《ちい》さいつぶが、ほんとうにカエルになるのでしょうか。

たまごは、上《うえ》の黒《くろ》いぶぶんから、だんだん下《した》のほうにむかってへんかがすすみます。

たまごを、レンズでかくだいして、へんかしていくようすを見《み》てみましょう。

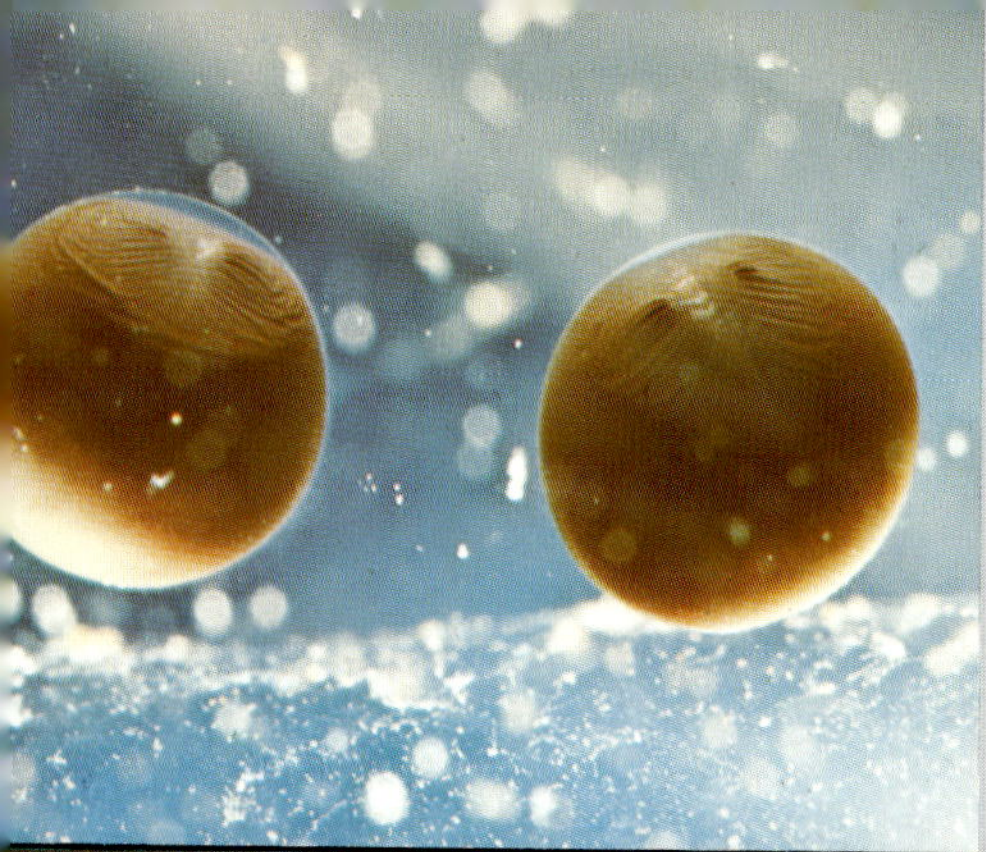

二時《じ》間《かん》後《ご》・ひだができた。

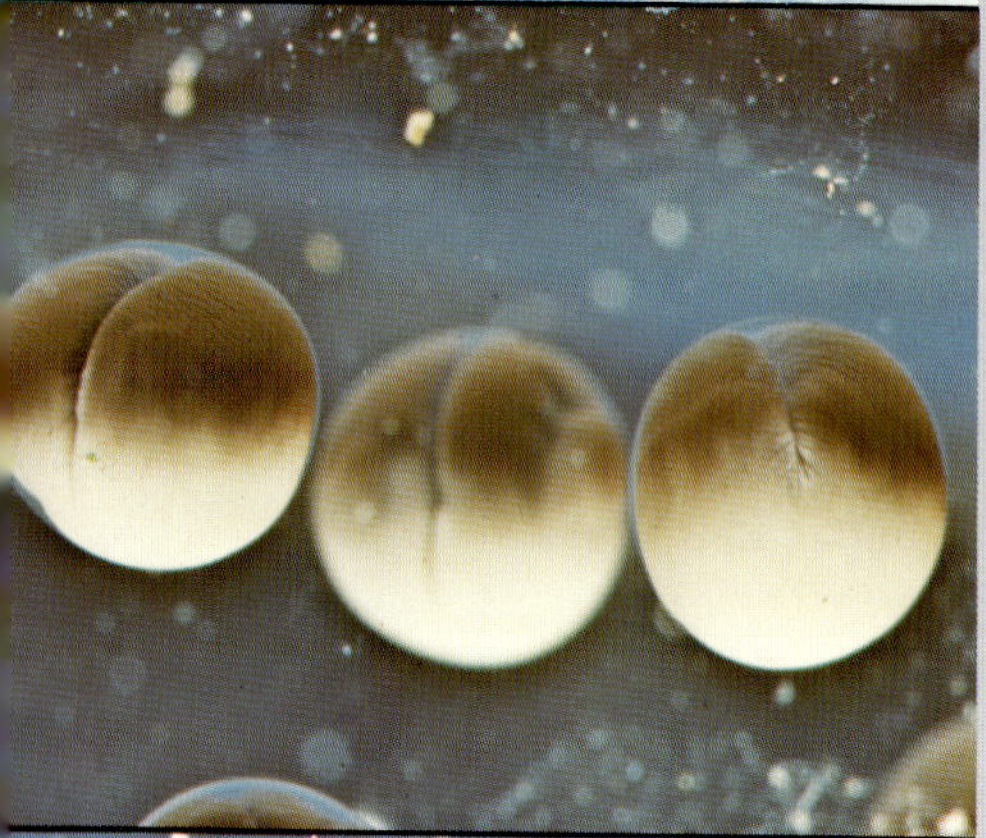

三時《じ》間《かん》後《ご》・二つにわかれた。

四時《じ》間《かん》後《ご》・四つにわかれた。

六時《じ》間《かん》後《ご》・十六にわかれた。

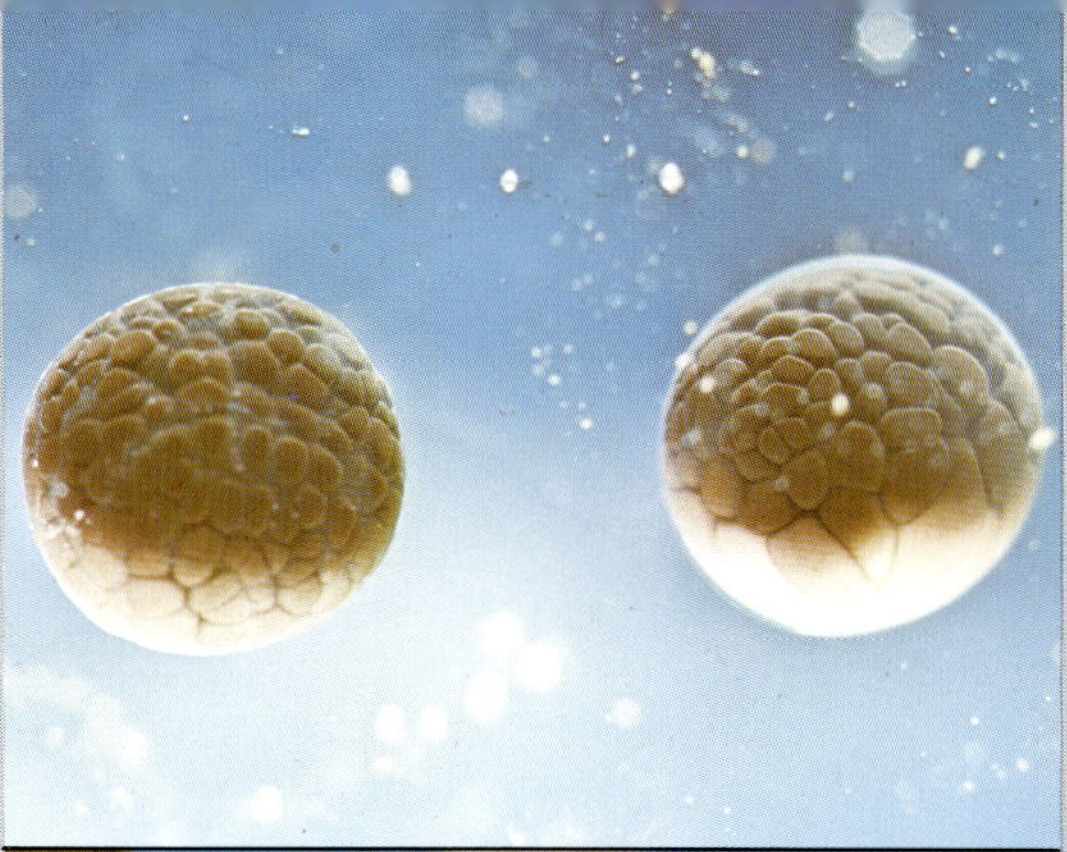

十時間後《じかんご》・六十四にわかれた。

つぎの日《ひ》もつぎの日《ひ》もどんどんへんかがつづいて

三日《か》めの夕方《ゆうがた》、き・か・ん・のもとができた。

まよなか・し・ん・け・い・のもとができた。

四日《か》め・だるまさんのようなかたちになった。

➡いっせいに、ひもからぬけだしてうきあがる。

➡七日《か》め・まくからぬけでた。

➡みんなかたまった。

はじまった水《すい》ちゅうせいかつ

とうとう、まくをやぶって水《すい》ちゅうへ。でも、ずんぐりのからだではおよげません。水《みず》草《くさ》にすいついているのがやっとです。

ほおのりようがわに、ひらひらしたものがでてきました。えらです。おたまじゃくしになるまで、このえらでこきゅうをするのです。

⬅十日《か》め・そとえらができた。

おたまじゃくしになった

それから一しゅうかん、そとのえらがきえ、おがほそくのびて、やっとおたまじゃくしになりました。

あたたかい日《ひ》には、ぬるんだ水《みず》のなかを、げんきにおよぎまわります。

からだのなかのえらができあがりそとがわのえらがなくなった。

おのつけねがふくらみはじめた。

1しゅうかん後《ご》・うしろ足《あし》になった。

おたまじゃくしから子《こ》ガエルへ

おたまじゃくしは、まるい口《くち》で水草《みずくさ》をたべてそだちます。

それからしばらくのあいだは、そとから見《み》ただけではなんのへんかもありませんが、でも、からだのなかでは、大《おお》きなへんかが、どんどんすすんでいるのです。

おたまじゃくしになって一か月《げつ》半《はん》ぐらいたったある日《ひ》、おのつけねのりょうわきに、小《ちい》さなふくらみができます。だんだんそのふくらみが大《おお》きくなり、や

つぎの日《ひ》・左《ひだり》まえ足《あし》がでた。

2しゅうかん後《ご》・右《みぎ》まえ足《あし》がでた。

く一しゅうかんでそこがうしろ足《あし》になりました。

それから二しゅうかんぐらいたったある日《ひ》、とつぜんからだの右《みぎ》がわのひふをやぶって右《みぎ》まえ足《あし》がとびだし、つぎの日《ひ》、左《ひだり》わきにあいているえらのあなから左《ひだり》まえ足《あし》がとびだしました。

からだのなかでちゃんとできあがっていたのです。左《ひだり》まえ足《あし》が先《さき》にとびだすこともあります。右《みぎ》まえ足《あし》がやぶったはずのひふに、きずあとはすこしものこっていません。ふしぎですね。

おがどんどんすいこまれていく。

口《くち》がよこにさける。

子《こ》ガエルたんじょう

四ほんの足《あし》がでそろうと、だんだんおがからだのなかにすいこまれていきます。

目《め》がもりあがり、頭《あたま》がほねばってごつごつしたかんじになり、かおつきがだいぶカエルらしくなりました。

まるい口《くち》が、よこにぱっとさけ、はなのあながはっきりあき、はなや口《くち》でいきをすうようになります。

からだのなかのえらもなくなってはいができ、からだのしく

↑ヒキガエルの子《こ》ども。（1センチメートル）

みが、りくのくらしにあうように、すっかりつくりかえられたのです。
　おがなくなって
やっと子《こ》ガエルのたんじょうです。

⬆アマガエルの子《こ》ども。（2センチメートル）

⬆モリアオガエルの子《こ》ども。（1.5センチメートル）

水《みず》からりくへ

はいでいきをするようになると、カエルでも子《こ》どものうちは、水《みず》のなかではおぼれることがあります。

子《こ》ガエルたちは、大《おお》いそぎでりくにはいあがります。

ヒキガエルの子《こ》は、はじめはまっくろなからだで、ぴかぴかひかっています。

からだの大《おお》きさは、やく一センチメートル。小《ちい》さくて、あの大《おお》きなガマの子《こ》とはとてもおもえません。

子《こ》ガエルがおやガエルになるにはこれから三年《ねん》ぐらいかかります。

➡春《はる》のねむりからさめてでてきたヒキガエル。

⬅トノサマガエルのおや子《こ》。

おやガエルのおでまし

六月《がつ》、子《こ》ガエルがりくにあがるころ、やっと、ねむっていたおやガエルたちも目《め》をさまし、あなのなかからはいだしてきます。

ほかのカエルも、みんなでそろいます。

水《みず》べにいるカエル

カエルは、りくでくらすようになっても、水《みず》べがすきです。

それは、カエルがはいだけではなく、からだぜんたいのひふでも、こきゅうをするからです。からだがかわくと、ひふのこきゅうができなくなるので、すぐ水《みず》にとびこんで、からだをぬらします。

⬆カジカガエル

⬇タゴガエル

↑ヌマガエル

↑ウシガエル

↓ツチガエル

↓ダルマガエル

山《やま》にも木《き》の上《うえ》にも

カエルには、山《やま》や木《き》の上《うえ》にのぼってくらしているなかまもいます。

このなかまは、土《つち》のなかにしみこんでいる水《すい》ぶんや、夜《よ》つゆや、ぬま、たまり水《みず》などで、からだのしめりけをおぎなっています。

日本《にっぽん》にはカエルはぜんぶで三十九種類《しゅるい》、おもいおもいのところでくらしているのです。

⬆モリアオガエル

⬇シュレーゲルアオガエル

⬆ヒキガエル

⬆ハロウエルアマガエル

⬇ニホンアカガエル

⬇ヤマアカガエル

世界《せかい》のカエル

カエルは、北《ほっ》きょくと南《なん》きょくをのぞく、世界《せかい》じゅうの水《みず》べに、三千《ぜん》種類《しゅるい》いじょうもすんでいます。

●スズガエル

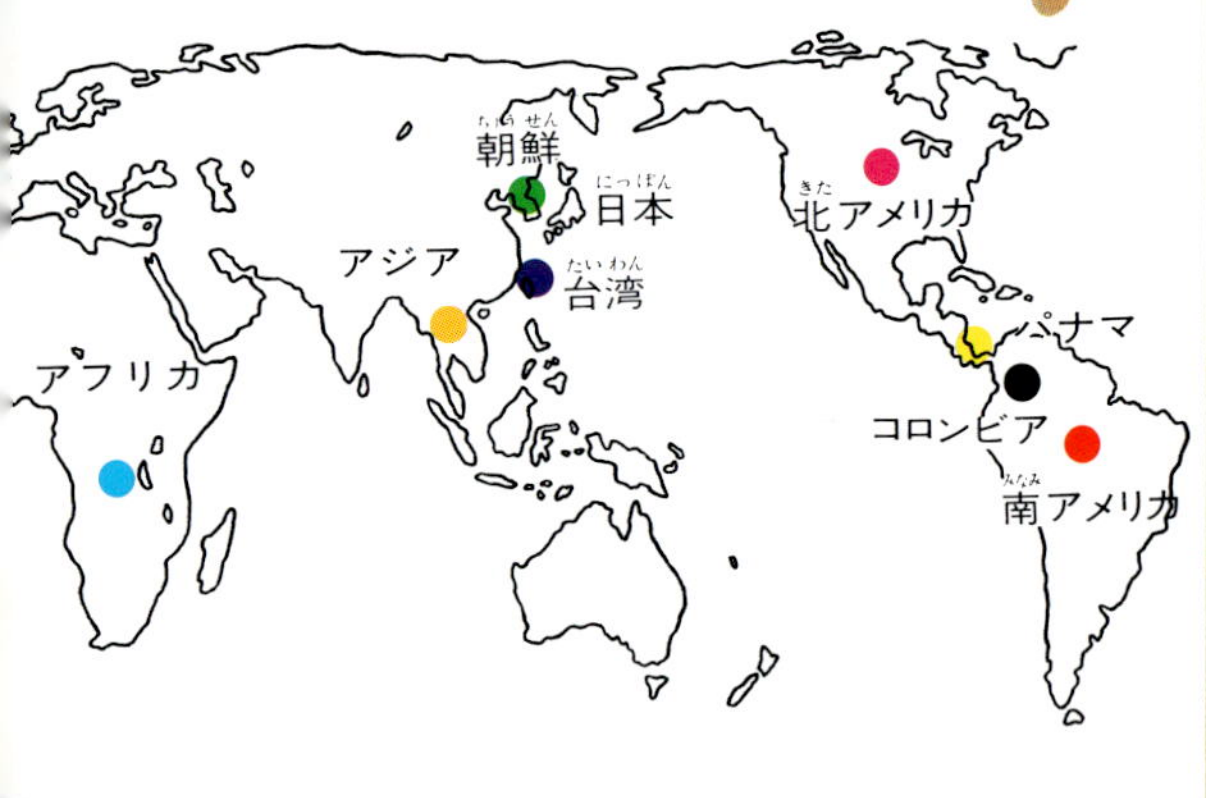

●ヤドクガエル

●アジアジムグリガエル

●ヘリグロヒキガエル

●アフリカツメガエル

●アメリカヒョウガエル

●コモリガエル

●アカマダラヤドクガエル

●オオヒキガエル

●コロンビアツノガエル

⬇トノサマガエル

ヤマアカガエル

アマガエル

カエルのなきかた

カエルのなきかたには、ほおのなきぶくろをふくらませるものと、のどのなきぶくろをふくらませるものがあります。

すいこんだ空気《くうき》を、はいとなきぶくろのあいだを、おうふくさせてこえをだすのです。

ヒキガエルのように、なきぶくろのないカエルもいます。

↓うしろ足《あし》をちぢめる。

カエルのおよぎかた

カエルは、およぎの名人《めいじん》です。
うしろ足《あし》をちぢめ、しずんだところを水《みず》かきをひろげていきおい

いきおいよく水《みず》をける。

よく水《みず》をける。そして、からだをまっすぐにのばして水《みず》をきってすすみます。

水《すい》めんにいるときは、いつてきにおそわれてもにげだせるように、りよう足《あし》をひろげてぷかぷかういています。

トノサマガエルのみずかき。

➡パンくずをたべるおたまじゃくし。
⬅トンボをつかまえたトノサマガエル。

カエルのたべもの

おたまじゃくしのときは、やわらかい水草《みずくさ》をたべていたのに、カエルになってからは、小《ちい》さな生《い》きものをとってたべるようになります。

うごいているえさならなんでもとります。ハエ、カ、トンボ、ときにはカタツムリだってたべてしまいます。

でも、どうしたわけでしょう。しんでしまったり、うごかない虫《むし》をそばにおいてもみむきもしません。

きっと、えものをさがすのは、かたちや、においでではなく、うごきによってなのでしょう。

虫《むし》をみつけたヒキガエル。

したをだして虫《むし》をくっつける。

えもののとりかた

カエルが虫《むし》をとらえるときは、目《め》にもとまらないすばやさです。

虫《むし》がカエルのそばを、しらずにとおりすぎようとすると、パクッとくわえられてしまいます。

小《ちい》さい虫《むし》をとらえるときには、ねばねばしたしたをサッとのばして虫《むし》をくっつけ、すばやくのみこんでしまうこともあります。

したをのばしすぎて口《くち》にもどらなくなってしまい、あわててまえ足《あし》でしたを口《くち》のなかにおしこんだりするカエルもいます。

カエルは、田《た》やはたけをあらす虫《むし》をとってたべてくれる、やくにたつどうぶつです。

⬇カエルがたべるもの。

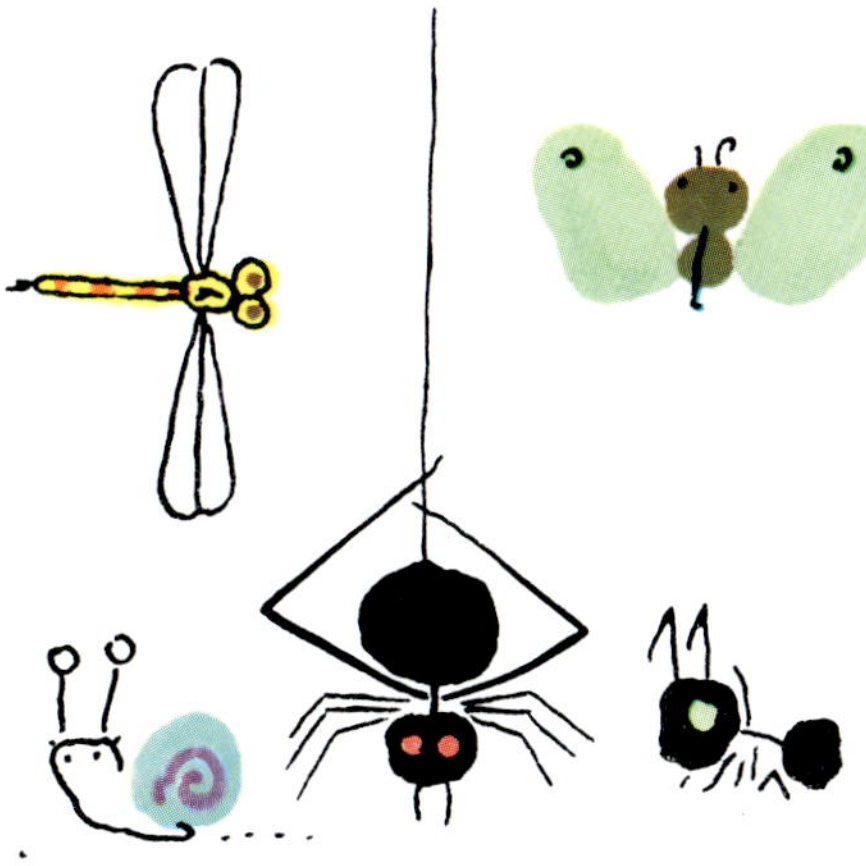

⬆ペロリ！

⬇ガをつかまえたヒキガエル。

カエルのてき

小《ちい》さな虫《むし》たちにとっては、カエルはおそろしいてきですが、そのカエルも、空《そら》から、しげみのなかから、水草《みずくさ》のかげからおそろしいてきにねらわれています。

ヘビ、モズ、サギ、ゲンゴロウ、タイコウチ、ナマズなど、カエルにはたくさんのてき

モズのおや子と、モズにつかまって木《き》のえだにさされたアマガエル。

がいるのです。

ヘビににらまれただけで、からだがこおりついたようにうごかなくなってしまい、いきたままのみこまれてしまいます。

カエルのくらしは、まい日《にち》まい日《にち》が、てきとのたたかいなのです。

ヤマカガシにのみこまれるカエル。

木《き》のみきにいると…

まだらな葉《は》の上《うえ》にいると…

からだの色《いろ》のへんか

カエルは、すみかや、きせつによって、からだの色《いろ》をかえます。

たとえば、アマガエルは、木《こ》の葉《は》の上《うえ》ではみどり色《いろ》、たんぼでは土《つち》の色《いろ》にかわります。

そのしくみは、まだじゅうぶんわかってはいませんが、たぶん、まわりの色《いろ》やおんど、明《あか》るさなどを、目《め》、ひふ、ゆびさきなどでかんじとっているのだろうとかんがえられています。

色《いろ》のへんかは、カエルがてきからみをまもるのにやくだっています。

みどりの木《こ》の葉《は》の上《うえ》にいると……

茶《ちゃ》色《いろ》のおち葉《は》の上《うえ》にいると……

とうみん

もうすぐ冬《ふゆ》。きせつのうつりかわりを、カエルはひふでかんじとります。カエルは大《おお》いそぎで土《つち》にあなをほってもぐりこみます。

そして、土《つち》のぬくもりとしめりけにまもられて、春《はる》がくるまでぐっすりねむります。

●両生類《りょうせいるい》のなかま

ヒキガエルの幼生

イモリ

ヒキガエル

サンショウウオの幼生《ようせい》

カエルは、いつごろから地上《ちじょう》にすんでいたとおもいますか。栃木県《とちぎけん》や群馬県《ぐんまけん》で発見《はっけん》された化石《かせき》をしらべてみると、およそ百万《ひゃくまん》年《ねん》まえのものであることがわかりました。

カエルは、人間《にんげん》があらわれたころには、もう地上《ちじょう》でくらしていたのです。

カエルは世界《せかい》じゅうの池《いけ》や川《かわ》にすんでいますが、海《うみ》にはいません。これはきっと、カエルが淡水《たんすい》（塩分《えんぶん》がふくまれていない水《みず》）にすんでいたさかなから進化《しんか》したものだからだろうと考《かんが》えられています。

にたような進化《しんか》をしてきたものに、イモリ、サンショウウオなどがいます。

どれもせきついをもった動物《どうぶつ》ですが、水《すい》りくどちらでも生《い》きられるので、両生類《りょうせいるい》とよばれてほかの動物《どうぶつ》と区別《くべつ》されています。

カエルの成長《せいちょう》

たった一ぴきのカエルからうみおとされるたまごだけでも、やく八千《せん》から一万《まん》こ。まい年《ねん》、この一つぶ一つぶがカエルに成長《せいちょう》していったとしたら、地《ち》きゅうはカエルでいっぱいになってしまいます。

でも、しぜんはそうはさせません。このほとんどが子《こ》ガエルになるまでに、てきにおそわれたり、ひからびたりしてしまい、いきのこるのはわずかなのです。

カエルの一生《いっしょう》のうちでいちばん大《おお》きなへんかは、水《すい》ちゅうのせいかつからりくのせいかつにかわるときです。からだのしくみがどのようにかわるのか、くらべてみましょう。

子《こ》ガエルになってからは、もう、からだのつくりにはほとんどへんかはありません。日《ひ》がたつにつれて、古《ふる》くなったひふをぬぎすてながら大《おお》きくなっていきます。そして、やく三年《ねん》めぐらいで、やっと親《おや》ガエルになるのです。

カエルのくらしは、まだわからないことばかりです。からだの色《いろ》のへんかはどのようなしくみでおこるのか、一生《いっしょう》のあいだになん回《かい》たまごをうむのか、なん年《ねん》ぐらいいきるのか、なぞにつつまれたままです。

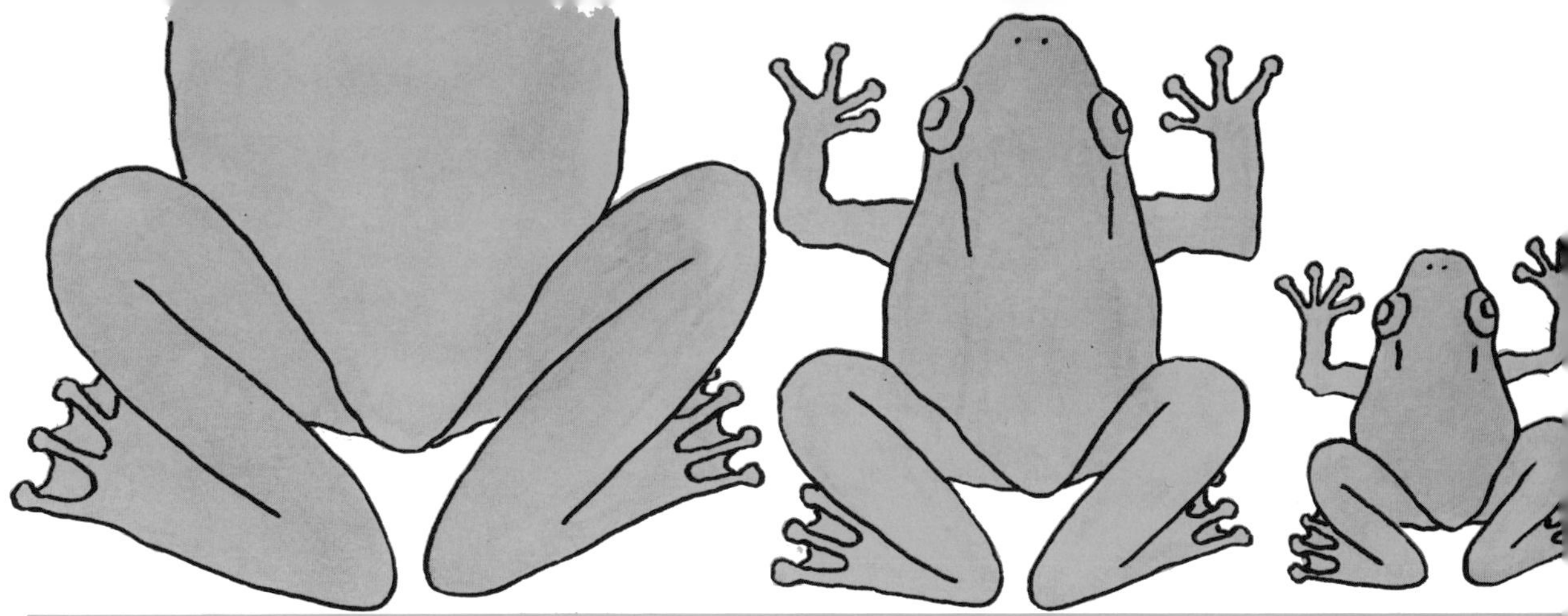

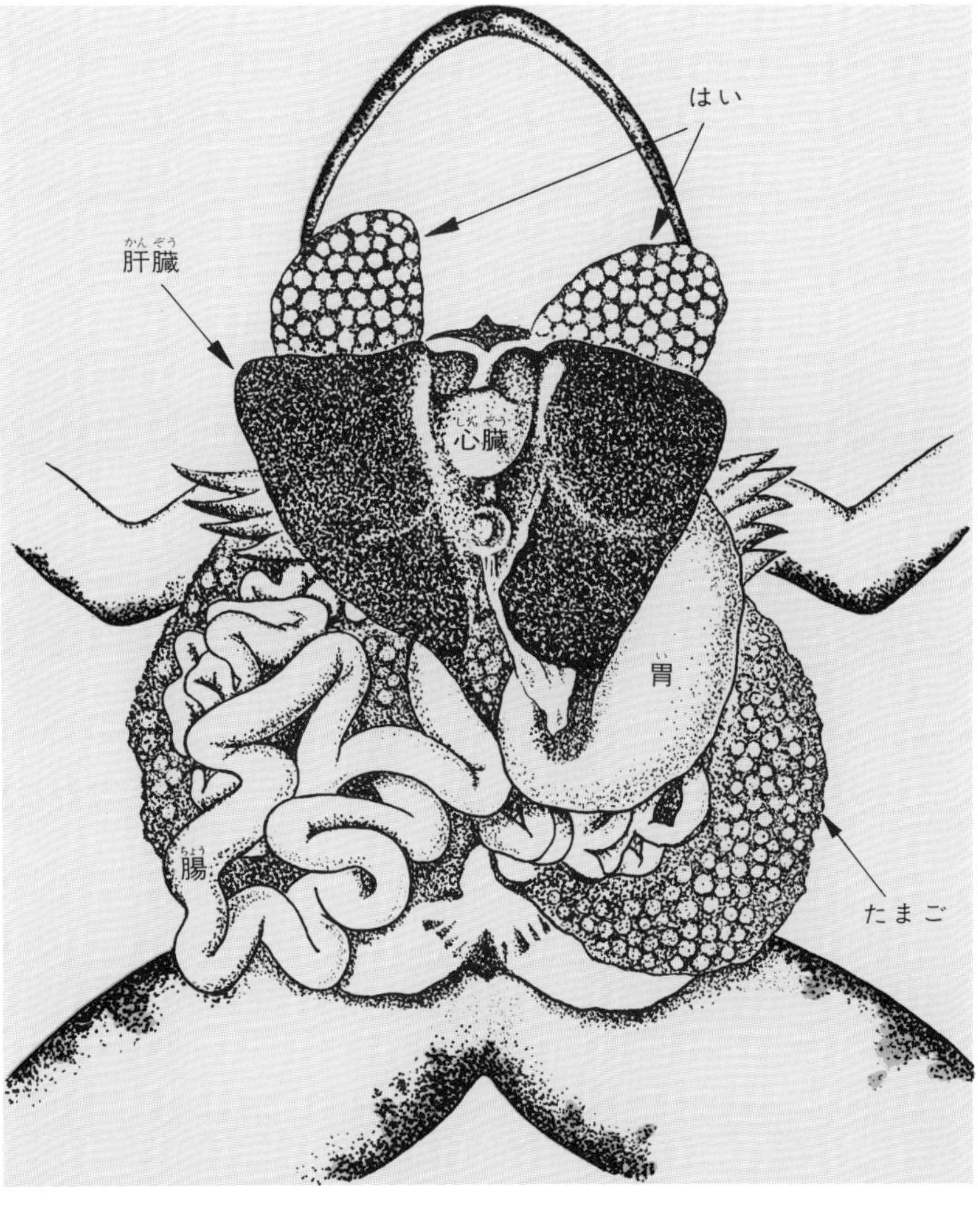

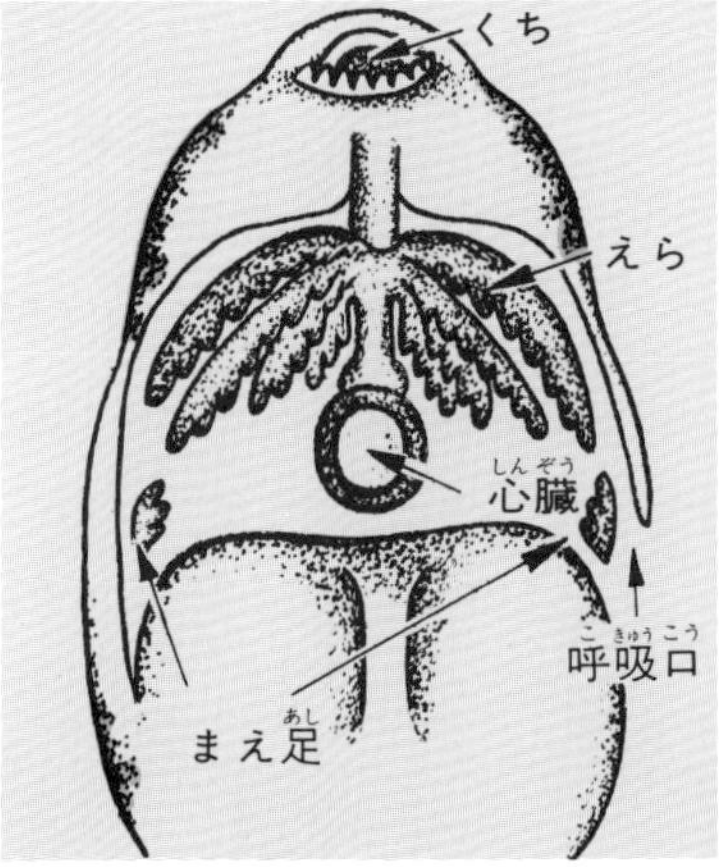

おたまじゃくしのかいぼう図《ず》
外《そと》にあったえらがなくなって、からだのなかに、えらができました。カエルになるまでは、このえらをとおして水《すい》ちゅうの酸素《さんそ》をこきゅうします。前足《まえあし》ができていますね。

カエルのかいぼう図《ず》
うきぶくろがはいになって、えらがなくなっています。

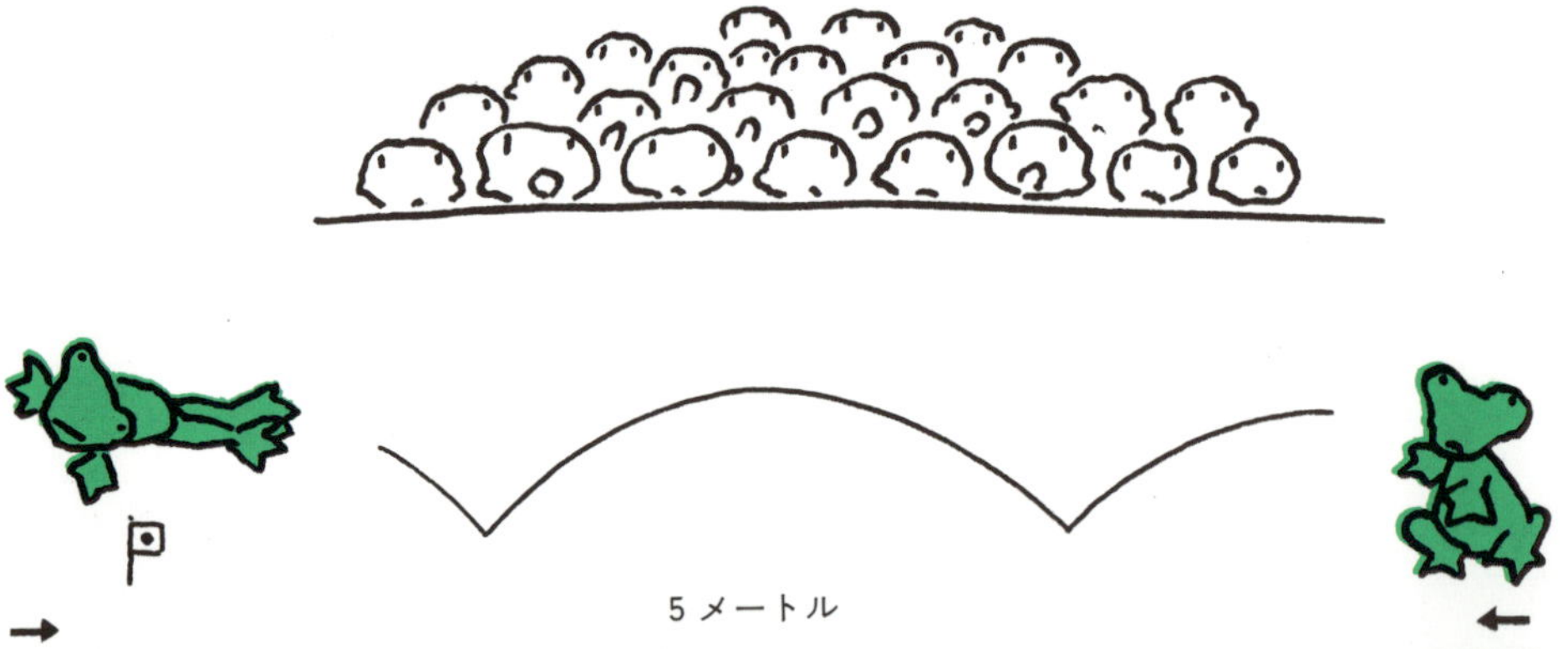

カエルは両生類《りょうせいるい》ですから、りくのせいかつにも水《みず》のなかのせいかつにも、どちらにもつごうのよいからだのつくりをしています。

まず、からだぜんたいを見《み》てください。先《さき》のとんがった頭《あたま》、首《くび》がなく頭《あたま》がそのままからだにつながった形《かたち》は、水《みず》をきっておよぐのにたいへんべんりです。

つぎにうしろ足《あし》を見《み》てください。ゆびとゆびとのあいだにはったうすいまくは水《みず》かきです。水《みず》をいきおいよくけることができます。

水《みず》かきが小《ちい》さく、およぎのへたなカエルもいます。ヒキガエルです。たまごをうむときのほかには、ほとんど水《みず》にはいりません。また、ゆび先《さき》になににでもすいつくきゅうばんがついていて、木《き》のえだや葉《は》にのぼってくらすカエルもいます。アマガエルやモリアオガエルです。

うしろ足《あし》のももを見《み》てください。じょうぶなきん肉がはりめぐらされていて、水《みず》や地《じ》めんをつよくけることができます。

アメリカのカリフォルニアでは、まい年《ねん》、世界《せかい》じゅうからカエルをもちよって、カエルとび大会《たいかい》がひらかれます。

ウシガエルは、〝三だんとび〟のチャンピオンです。五メートルという

きろくがのこっています。

これは、からだの長《なが》さのやく二五ばいです。人間《にんげん》は、オリンピックのせんしゅでも、せいぜい身長《しんちょう》のやく十ばいですから、たいへんなきろくですね。

←水《すい》そうのガラスにすいついたアマガエル

三角《かく》形《けい》で先《さき》がとんがったかお、せなかがわにとびだした大《おお》きな目《め》、よこにさけた大《おお》きな口《くち》が、カエルの頭《あたま》のとくちょうです。もっとくわしく見《み》てみましょう。目《め》は、にじのようにうつくしくひかります。

カエルは夜行性《やこうせい》の動物《どうぶつ》です。ひるはあなのなかやしげみにかくれていて、夜《よる》になるとかっぱつにうごきまわります。そのくらしにあうように、ひるはひとみをしぼりこんで光《ひかり》をおさえ、夜《よる》は、少《すこ》しの光《ひかり》でも物《もの》が見《み》えるようにひとみをぜんぶひらきます。ネコのようです。

目《め》のつくりもかわっています。人間《にんげん》とははんたいに目《め》の下まぶたがうごきます。りくにいるときは下《した》にさがったままですが、水《みず》のなかにもぐると、さっと下まぶたが上《うえ》にうごいて目《め》をおおってしまいます。下まぶたはとうめいですから、ちょうどそなえつけの水《すい》ちゅうメガネのようです。

目《め》のななめ下《した》にまるいものがあります。これが耳《みみ》です。空気《くうき》や水《みず》をつたわってくる音《おと》やしんどうをこのまるいところでとらえるのです。人間《にんげん》の耳《みみ》のおくにあるこまくのようなものです。

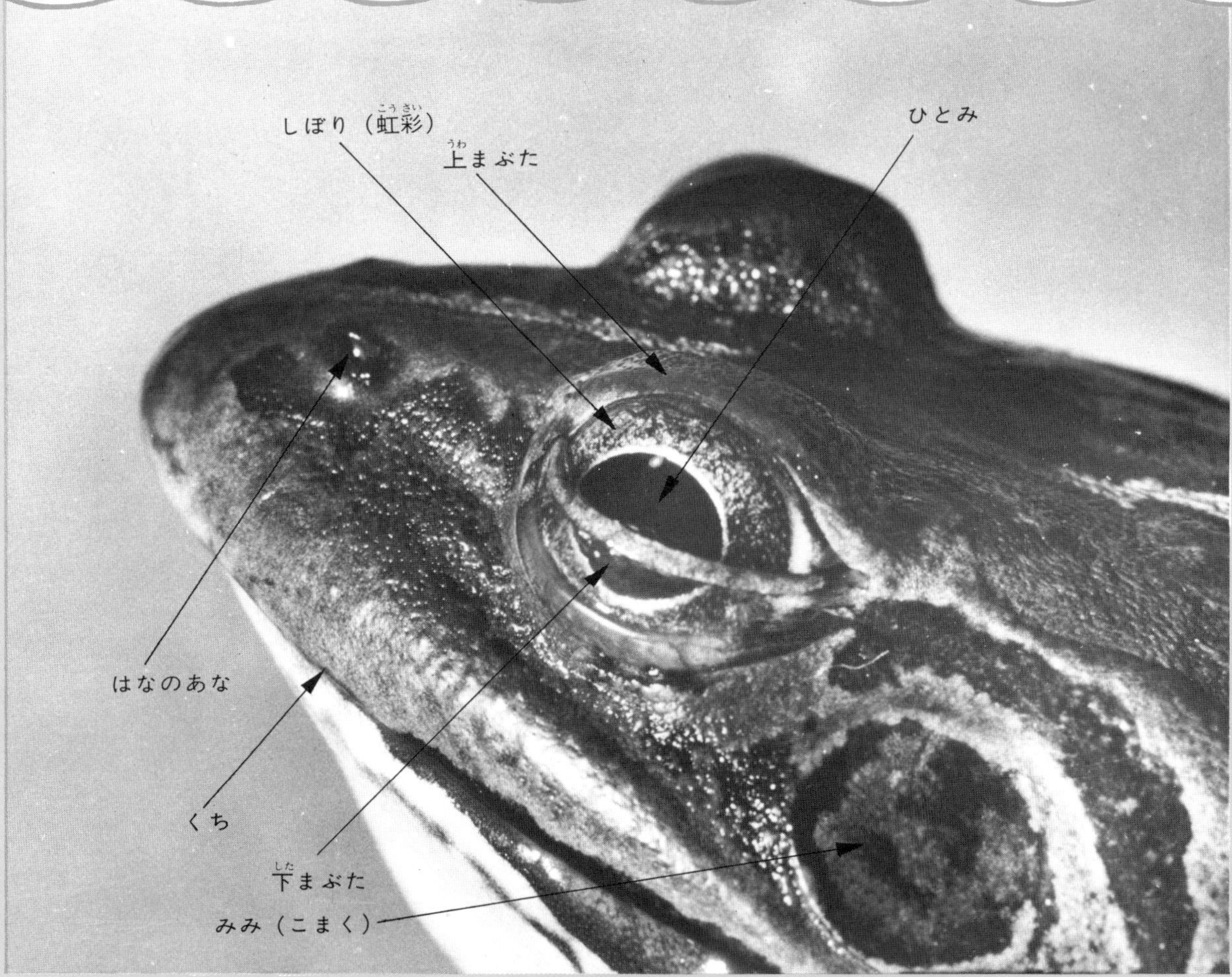

ヒキガエルはまい年《ねん》きまったころ同《おな》じ水《みず》べをさがしてなんキロメートルもぞろぞろ山《やま》をおりてきます。

どうしてそんなことができるのかとてもふしぎです。

頭《あたま》のどこかに、きせつや水《みず》をかぎわけるそうちがあるのではないかとおもわれます。

↑下《した》まぶたを半分《はんぶん》とじているトノサマガエル。
←目《め》をひらいたトノサマガエル。

カエルをかってみませんか。うごきや、ひょうじょうにあいきょうがあって、たのしいかんさつができます。

まず、たまごをとりにいきましょう。

カエルによって、産卵《さんらん》のときや場所《ばしょ》、それにたまごのようすがみんなちがいます。

※もっていくもの

目《め》のこまかい水《みず》アミ。ポリエチレンのふくろか、バケツ。

※とりかた

たまごをみつけたら、バケツかポリエチレンぶくろを水底《みずそこ》にしずめ、たまごがこわれないように手《て》でしずかにすくい、水《みず》といっしょにいれます。そのとき、どろやゴミがはいらないようにしましょう。

バケツにいれてもちあるくときは、できるだけ水《みず》がゆれないように、また、水《みず》がこぼれたときは、すぐにたしましょう。

うちにかえったら、大《おお》きめの水《すい》そうに水《みず》をいっぱいいれて、たまごをうつし、まどぎわのあたたかいところにおきましょう。

たまごが多《おお》すぎると、くさってしまうことがあります。

大《おお》きなかたまり
ニホンアカガエル
田《た》・池《いけ》（二月《がつ》から四月《がつ》はじめ）

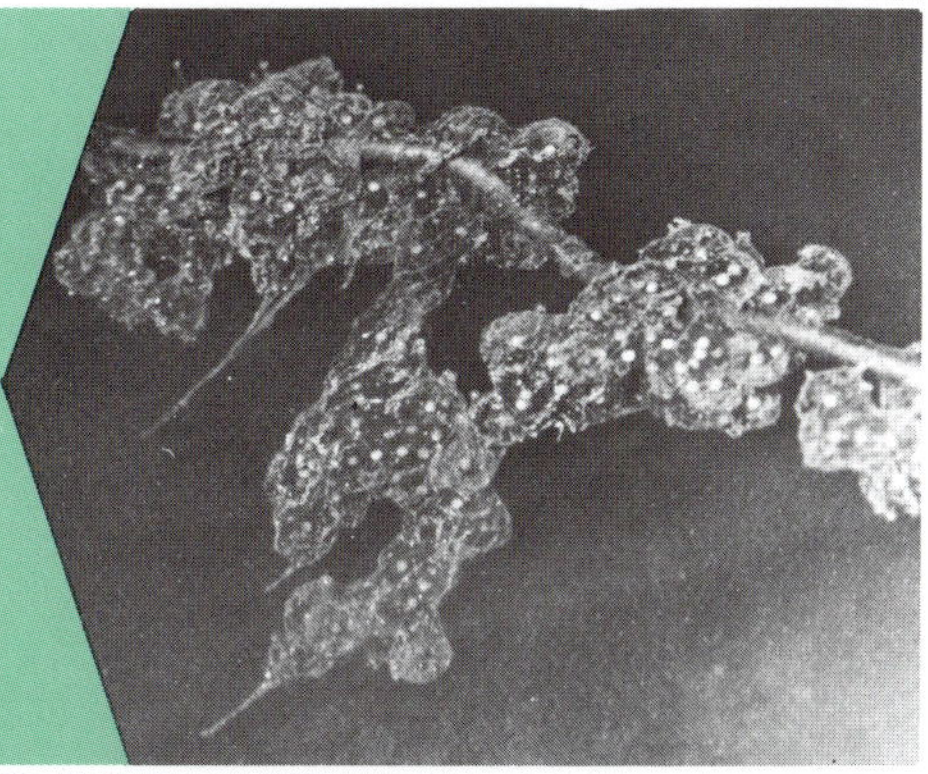

小《ちい》さなかたまり
ツチガエル
田《た》・池《いけ》・ぬま（五月《がつ》から七月《がつ》）

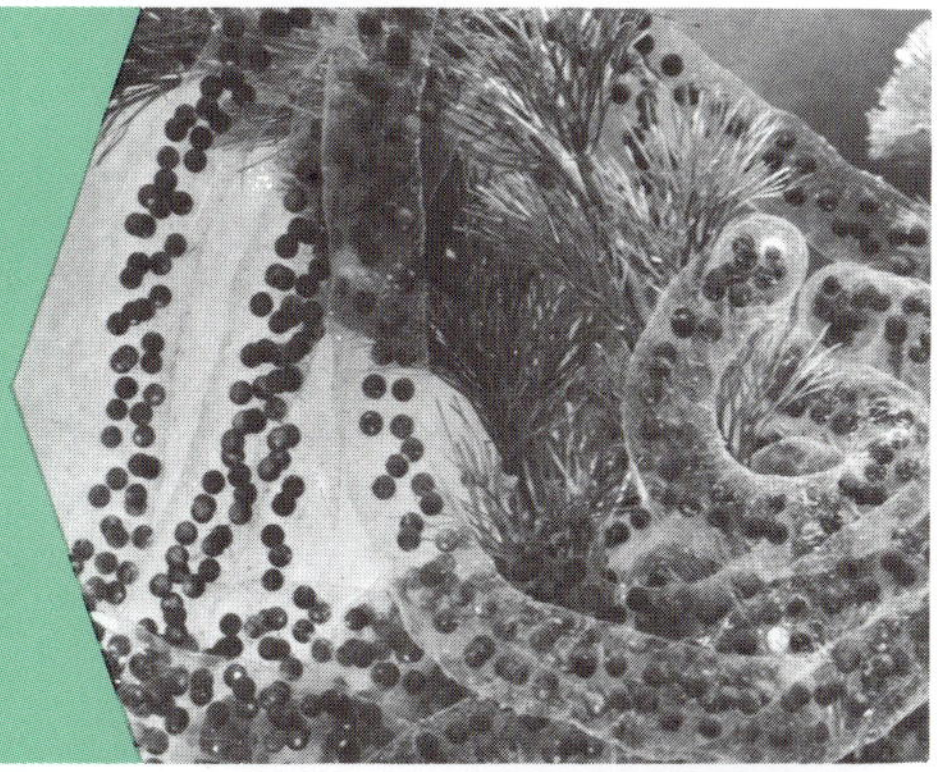

ひも
ヒキガエル
田《た》・池《いけ》（二月《がつ》から四月《がつ》はじめ）

あわ
モリアオガエル
木《き》の上《うえ》（五月《がつ》すえから七月《がつ》はじめ）

たまごをとってきたら、水《すい》そうにいれて、たまごがへんかしていくようすをかんさつしましょう。
カエルの種類《しゅるい》によって、へんかのはやさや形《かたち》がちがいます。
へんかを種類《しゅるい》べつにきろくして、くらべてみましょう。

※じゅんび

まず、水《すい》そうに多《おお》めに水《みず》をいれます。水《すい》どうの水《みず》には、しょうどくのくすりがまじっているので、二、三日《にち》バケツにくみおいた水《みず》をいれましょう。水草《みずくさ》は、おたまじゃくしのたべものになり、水《みず》をくさらせないやくめもします。根《ね》をじゃりでおさえてうえておきましょう。

※せわ

水草《みずくさ》だけだとおたまじゃくしは大《おお》きくなりません。ごはんつぶ、うどん、パンなどを小《こ》ゆびのさきぐらいやりましょう。ぜったい、やりすぎないように。のこったえさが、水《みず》をくさらせてしまいます。

よく見《み》ようと、入《い》れものをかえたり、いじったりするとしんでしまいます。

かんさつは、水《すい》そうの外《そと》から、そっとしましょう。

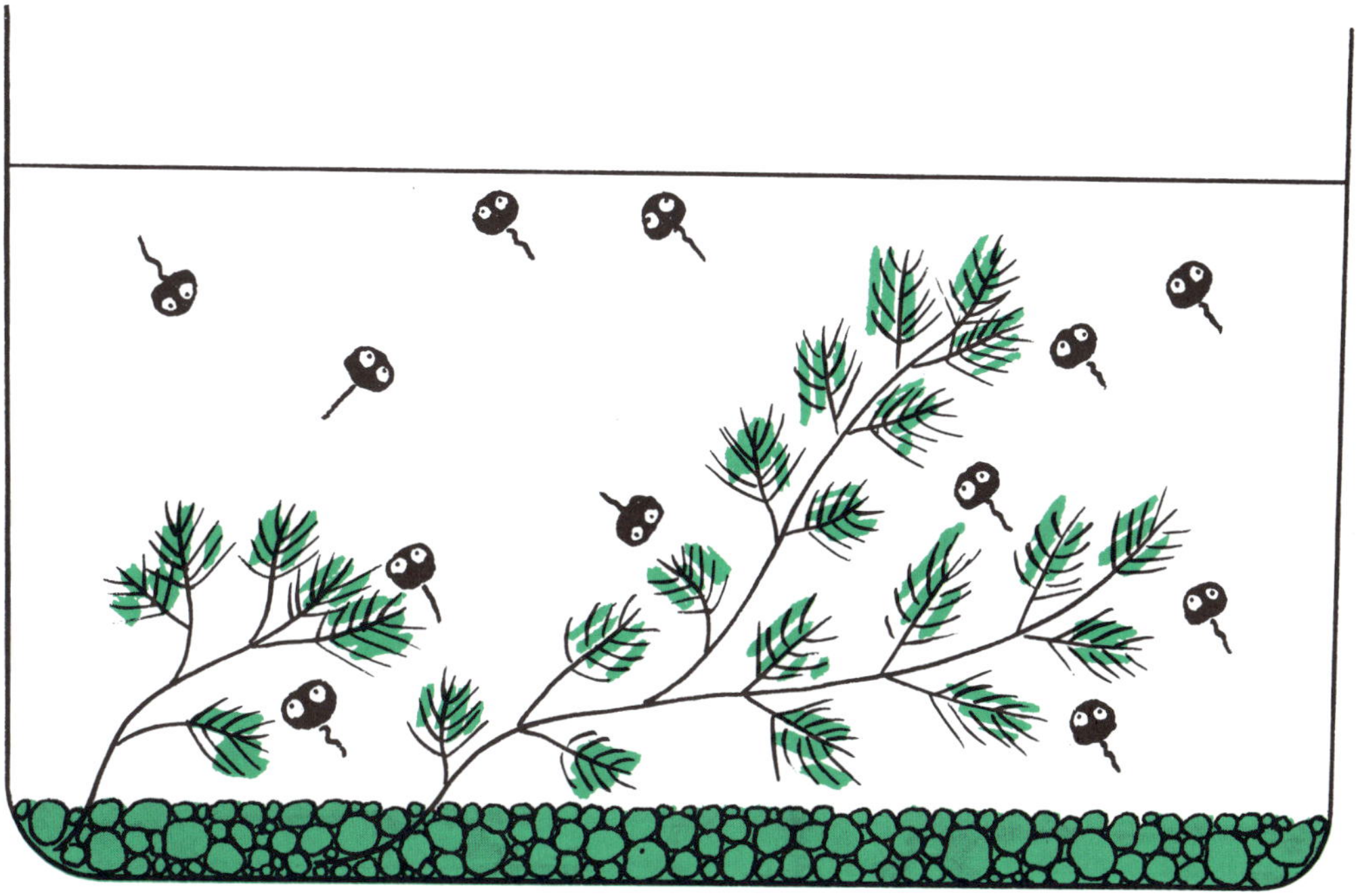

おたまじゃくしになったら水草《みずくさ》を入《い》れましょう。ねもとをじゃりでおさえます。

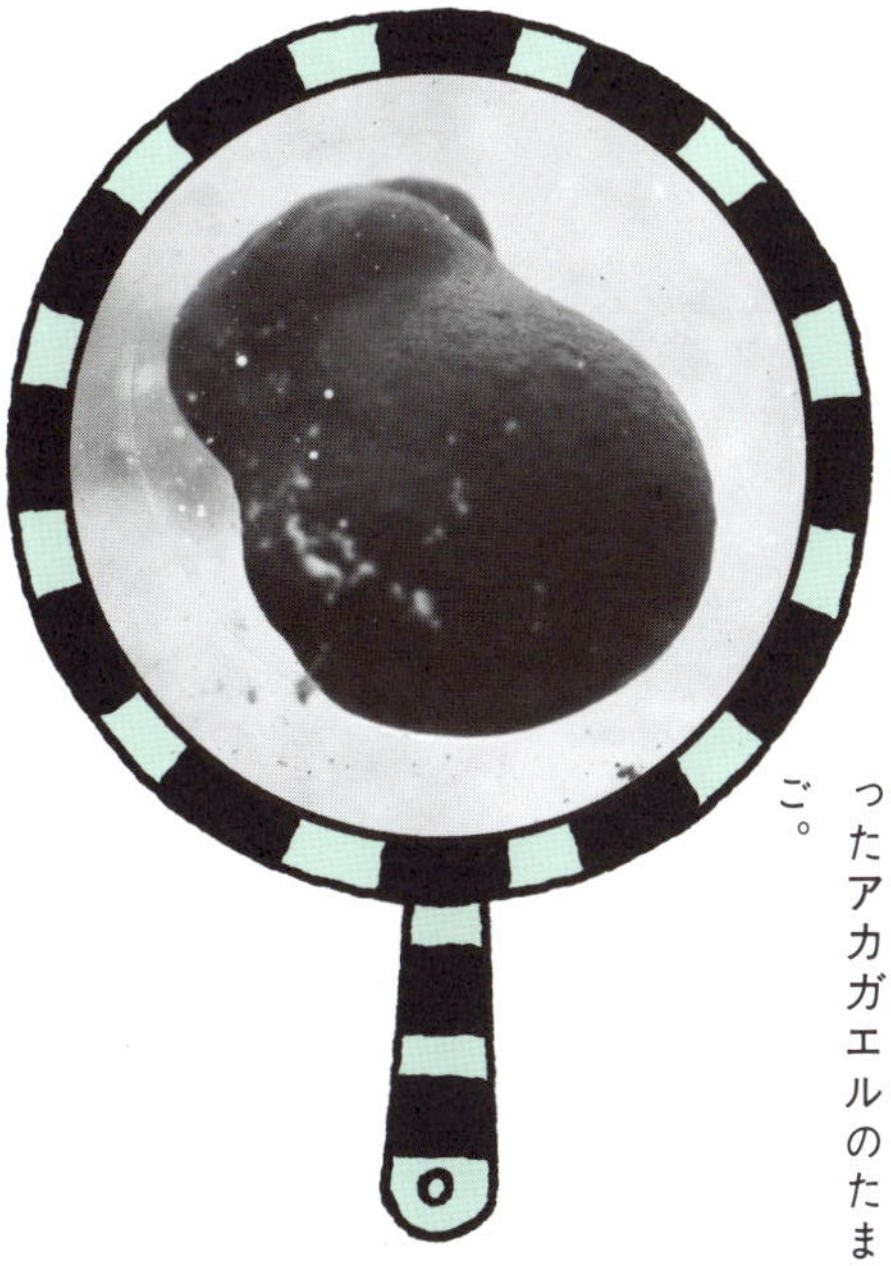

だるまさんのようになったアカガエルのたまご。

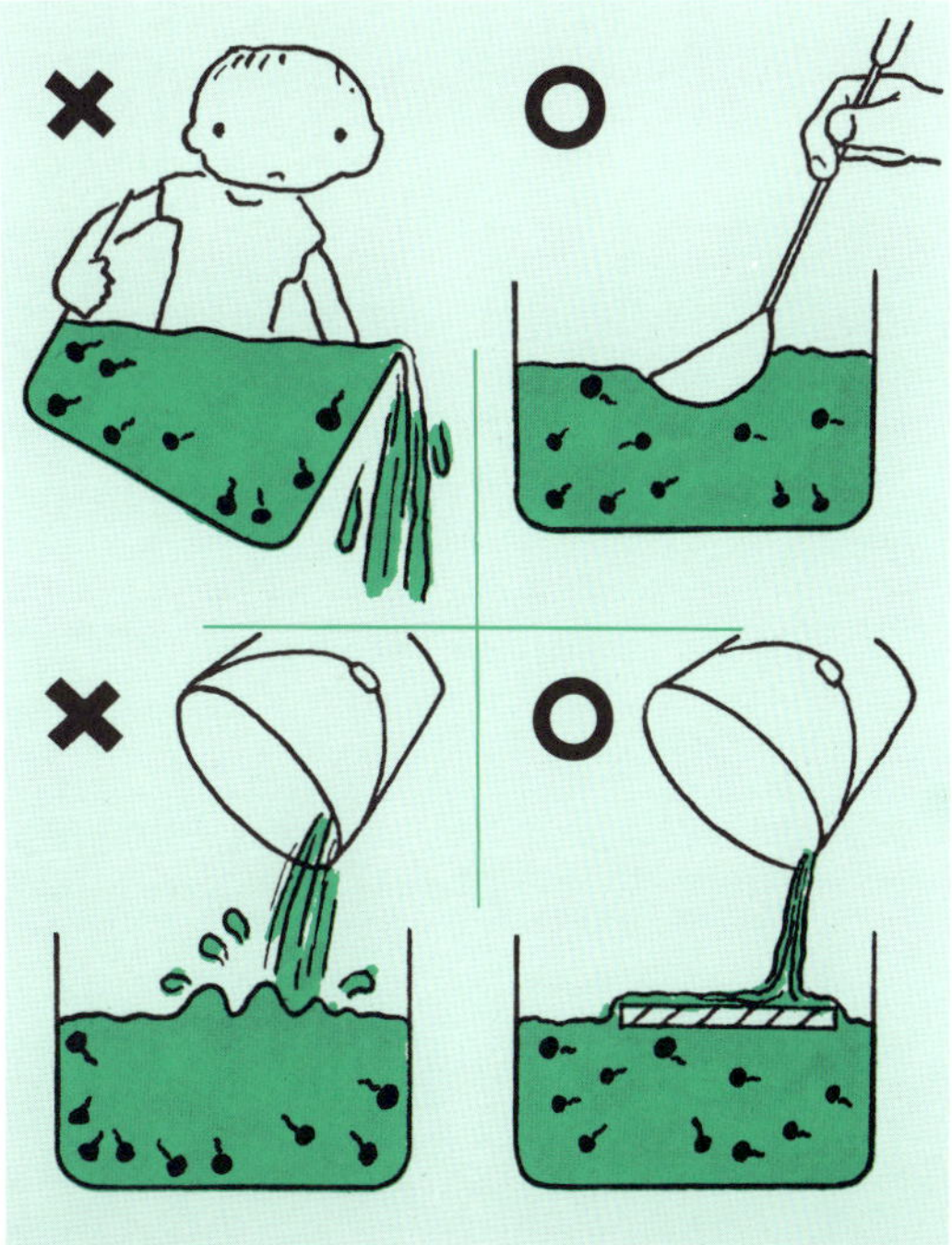

水《みず》をだすときは、ひしゃくでそっとかえます。

いれるときは、水《すい》めんに板《いた》をうかべ、その上《うえ》にそっとそそぎます。

おたまじゃくしにうしろ足《あし》がはえたら、もうそろそろ、からだのなかのつくりがりくのくらしにあうようにつくりかえられています。

※じゅんび

おたまじゃくしでも、おがみじかくなるとうまくはおよげません。はなのあなから水《みず》をすいこんで、おぼれてしんでしまうこともあります。

・おがみじかくなりはじめたら、水《すい》そうの水《みず》をへらし、石《いし》をおいてりくをつくりましょう。水《みず》に、板《いた》きれやコルクをうかべるのもよいでしょう。子《こ》ガエルがはいあがってりくのくらしをはじめるようすがかんさつできます。

※子《こ》ガエルになったら

子《こ》ガエルをかうのはたいへんむずかしく、いろいろせわをしても、数日《すうじつ》で、ほとんどしんでしまいます。よわってしまわないうちに、水《みず》べのそばの草《くさ》はらにはなしてやりましょう。

※親《おや》ガエルをみつけたら

親《おや》ガエルは、だれにでもかんたんにかえます。からだをぬらす水《みず》、もぐりこむ土《つち》をもりあげて、カエルの家《いえ》をつくりましょう。ハエや、ガガンボ、カなどを生《い》きたままなげこむと、目《め》にもとまらぬはやさでたべてしまいます。

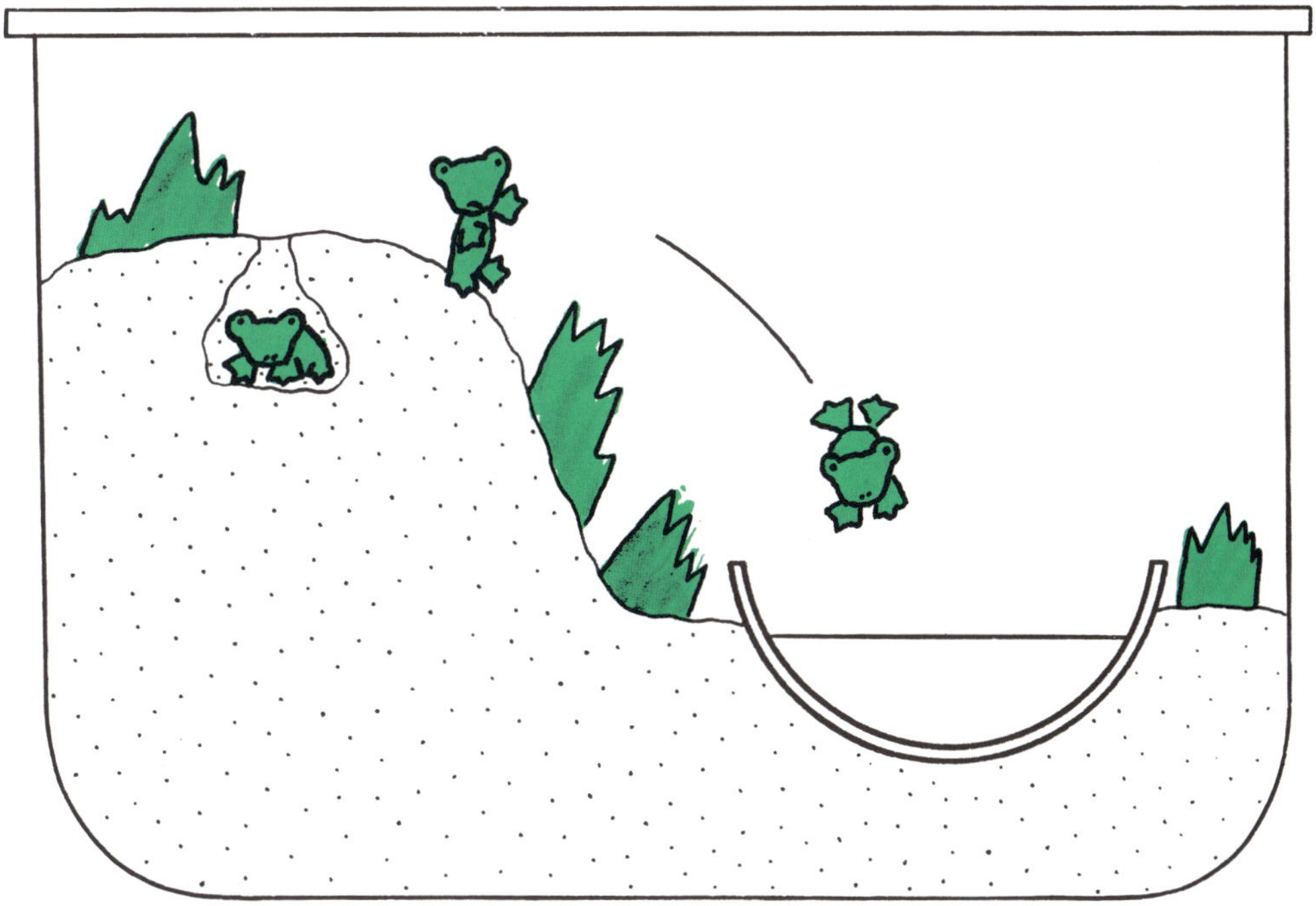

⬆土《つち》を入《い》れて，おさらやボールでプールをつくってやりましょう。

●えさをやる・生《い》きている虫《むし》をやらないとたべません。

●えづけ・まい日《にち》ピンセットか　はしで、イトミミズをつまんでうごかしていると、まもなくたべるようになります。

あとがき

子《こ》どものころのことです。

家《いえ》の近《ちか》くの山《やま》の中《なか》に、小《ちい》さい池《いけ》がありました。ある日《ひ》、この池《いけ》にヒキガエルがたくさん集《あつ》まって卵《たまご》をうみました。あまりのすさまじいありさまに逃《に》げ帰《かえ》ったことをおぼえています。

それから十数年《すうねん》たって、大学《だいがく》で発生《はっせい》の実験《じっけん》をしたときに、思《おも》いだして見《み》にゆきました。

すると、全《まった》く同《おな》じ池《いけ》に同《おな》じように卵《たまご》をうんでいるのです。わたしが子《こ》どものときに見《み》たヒキガエルの何代目《なんだいめ》かの子孫《しそん》が卵《たまご》をうみつづけているのかもしれません。

わたしは、この池《いけ》の卵《たまご》を使《つか》ってカエルの研究《けんきゅう》をはじめました。調《しら》べれば調《しら》べるほど、いろいろな疑問《ぎもん》がおこってくるので、今《いま》でもつづけています。

カエルの卵《たまご》を水槽《すいそう》に入《い》れておくと、少《すこ》しずつ形《かたち》を変《か》えて、小《ちい》さなオタマジャクシになります。さらに、カエルに育《そだ》てることもむずかしいことではありません。卵《たまご》をとってきて育《そだ》てたり、池《いけ》や田《た》んぼで生態《せいたい》を観察《かんさつ》してみてはいかがでしょう。

この本《ほん》を読《よ》んで、カエルの一生《いっしょう》やカエルの生活《せいかつ》に興味《きょうみ》をもっていただけたなら、しあわせです。

種村《たねむら》　ひろし

（一九七二年四月）

NDC487

種村ひろし

科学のアルバム　動物・鳥１

カエルのたんじょう

あかね書房 1972

54P　23×19cm

科学のアルバム

カエルのたんじょう

一九七二年 四 月初版
二〇〇五年 四 月新装版第 一 刷
二〇二三年一〇月新装版第一七刷

著者　種村ひろし
発行者　岡本光晴
発行所　株式会社 あかね書房
〒一〇一―〇〇六五
東京都千代田区西神田三―二―一
電話〇三―三二六三―〇六四一（代表）
https://www.akaneshobo.co.jp
印刷所　株式会社 精興社
写植所　株式会社 田下フォト・タイプ
製本所　株式会社 難波製本

ISBN978-4-251-03314-7
定価は裏表紙に表示してあります。
落丁本・乱丁本はおとりかえいたします。

○表紙写真

・夜《よる》になるとうごきまわるヒキガエル

○裏表紙写真（上から）

・ヒキガエルの子《こ》

・かんてんのようなひもにつつまれたヒキガエルのたまご

・うしろ足《あし》ができた、おたまじゃくし

○扉写真

・アカツメクサの花《はな》にのったアマガエル

○もくじ写真

・ジャンプする、トノサマガエル

科学のアルバム

全国学校図書館協議会選定図書・基本図書
サンケイ児童出版文化賞大賞受賞

虫

モンシロチョウ
アリの世界
カブトムシ
アカトンボの一生
セミの一生
アゲハチョウ
ミツバチのふしぎ
トノサマバッタ
クモのひみつ
カマキリのかんさつ
鳴く虫の世界
カイコ まゆからまゆまで
テントウムシ
クワガタムシ
ホタル 光のひみつ
高山チョウのくらし
昆虫のふしぎ 色と形のひみつ
ギフチョウ
水生昆虫のひみつ

植物

アサガオ たねからたねまで
食虫植物のひみつ
ヒマワリのかんさつ
イネの一生
高山植物の一年
サクラの一年
ヘチマのかんさつ
サボテンのふしぎ
キノコの世界
たねのゆくえ
コケの世界
ジャガイモ
植物は動いている
水草のひみつ
紅葉のふしぎ
ムギの一生
ドングリ
花の色のふしぎ

動物・鳥

カエルのたんじょう
カニのくらし
ツバメのくらし
サンゴ礁の世界
たまごのひみつ
カタツムリ
モリアオガエル
フクロウ
シカのくらし
カラスのくらし
ヘビとトカゲ
キツツキの森
森のキタキツネ
サケのたんじょう
コウモリ
ハヤブサの四季
カメのくらし
メダカのくらし
ヤマネのくらし
ヤドカリ

天文・地学

月をみよう
雲と天気
星の一生
きょうりゅう
太陽のふしぎ
星座をさがそう
惑星をみよう
しょうにゅうどう探検
雪の一生
火山は生きている
水 めぐる水のひみつ
塩 海からきた宝石
氷の世界
鉱物 地底からのたより
砂漠の世界
流れ星・隕石